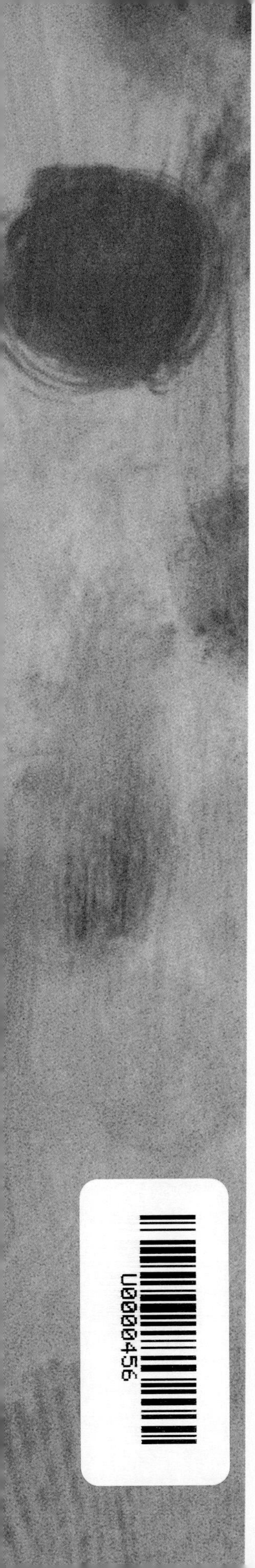

目次

關於封面

拜訪「匙屋」酒井淳的時候，
攝影師日置武晴注意到2樓房間的門。
畫在那上面的畫，就是這一期的封面。
那似乎是酒井淳用多餘的顏料（水性壓克力顏料）
開心地畫下來的畫。
仔細一看，門上還留著圖釘，
也還看得到寫著202的房間號碼，
真的是房門。
住在如此愉悅色彩門後的人，果真是夢想家！

特集
松長繪菜的
贈禮故事 *2*

父親與母親的贈禮

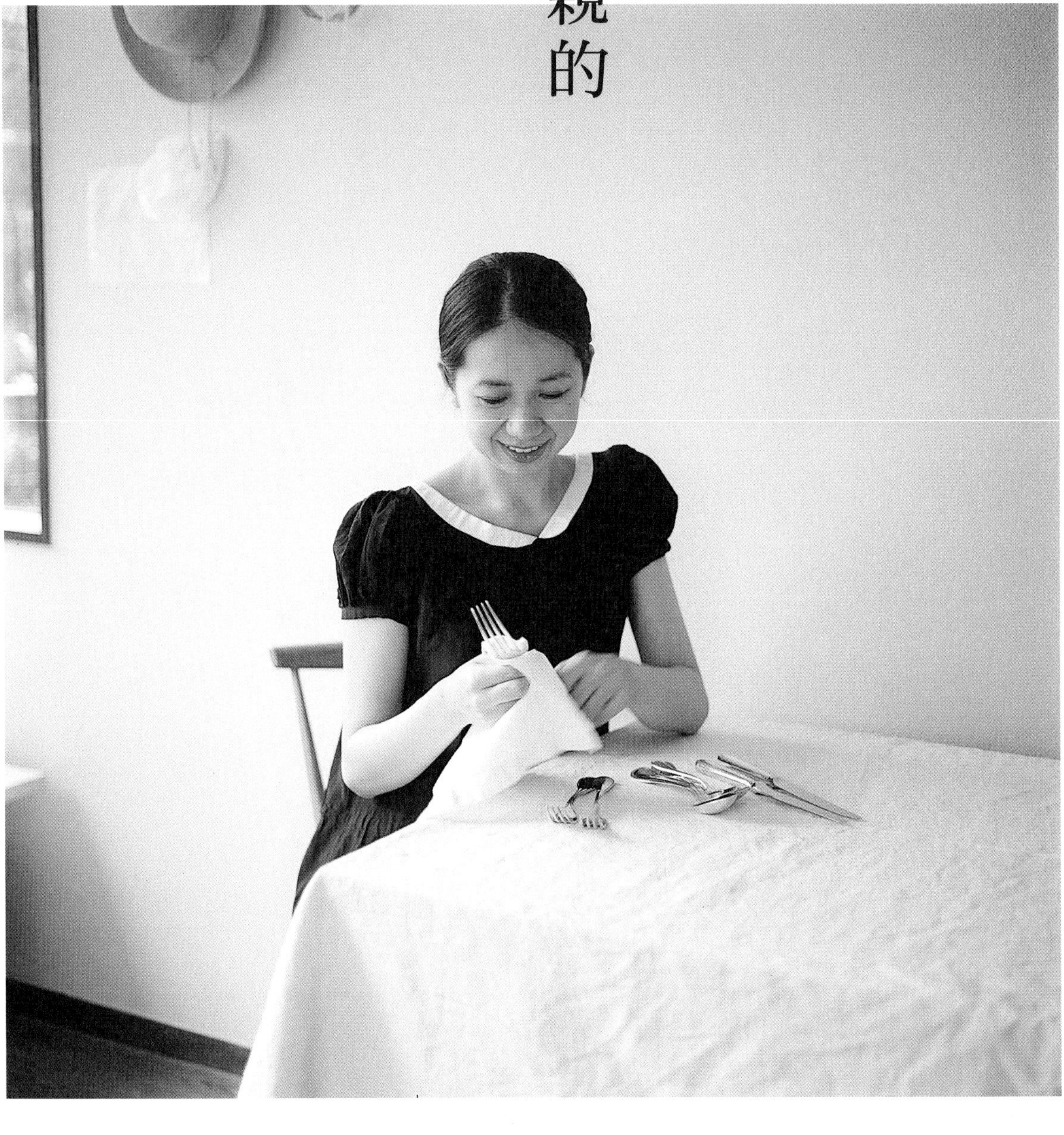

松長繪菜小時候用的餐盤
是鍾愛日式跟西式餐具的父親
幫她準備的WEDGWOOD彼得兔系列。
松長家裡有不少父親收藏的餐具。
這次我們從她家借了一些珍貴的西式餐盤，
並從母親小心保存的料理筆記裡挑選了幾樣菜，
將松長繪菜做的料理裝盛在這些器皿上。
能從父母那兒得到如此美好餽贈的女兒
是多麼幸運哪！
「我能有現在真的要感謝父母。」
松長繪菜多次吐露了對父母的感念。
另一項松長繪菜從父親那裡得到的禮物
則是當初她搬出來自己住時，
父親送給她的一整套Christofle銀製刀叉餐具組。
當她擦拭著這些銀器時，似乎也沉浸在童年往事中。

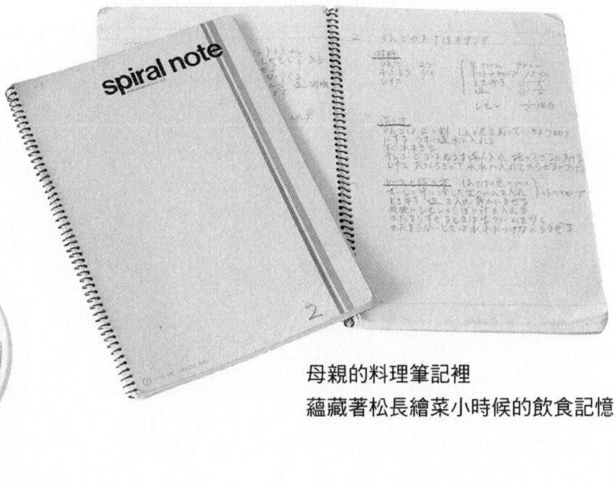

母親的料理筆記裡
蘊藏著松長繪菜小時候的飲食記憶。

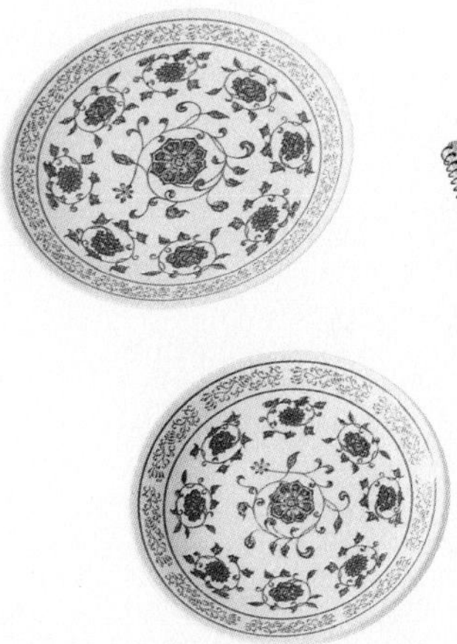

WEDGWOOD仿中國明代唐草花紋的
餐盤。

料理・造型—松長繪菜　攝影—公文美和　翻譯—蘇文淑

曙色的蘋果沙拉

我稱這套為「茄子盤」，
這是Richard Ginori的前菜盤，
形似茄子，細膩的圖樣非常高雅。
不管是裝點心或水果都很可愛討喜，
今天我把它拿來裝沙拉。

■材料（4～5人份）

蘋果……2顆
葡萄乾……1/4杯
沙拉醬
　鮮奶油……100 ml
　番茄醬……2/3大匙
　櫻桃利口酒……少許
　黃芥末……1小匙
　鹽……少許
水……1大匙
檸檬汁……1/6顆份
沙拉葉……適量

■做法

① 蘋果帶皮切成銀杏葉般的弧狀小片後，在鹽水（材料分量之外）裡泡一下，確實瀝乾水分。葡萄乾也在溫水裡快速浸泡，洗掉表面的油脂後瀝乾。

② 在碗裡倒進鮮奶油，用稍大一點的湯匙緩緩攪拌，依序加入番茄醬、櫻桃利口酒、黃芥末、鹽、水。

③ 淋上檸檬汁，稍微拌一下，加入①的蘋果片與葡萄乾後拌勻。

④ 在盤上鋪上沙拉葉，盛上③即可。

我在媽媽的料理筆記裡看見
「曙色沙拉」這個名字時，
心裡有點小小的感動。
真是太可愛了！
為襯托出曙色氣息，
搭配帶著些微粉紅色的醬料。

烤肉餅

這是芬蘭品牌Arabia的盤子，
在顏色與形狀上與現今生產的產品
有細微的差異。
我很喜歡它不是圓的
而是橢圓形的這項特點。
為了不被充滿躍動性的圖案壓過去，
不管是選擇狂放一點的料理，
或單純擺在桌上當成擺飾盤也很賞心悅目。

■材料（4～5人份）

牛絞肉……300 g
豬絞肉……200 g
雞蛋……1顆
洋蔥（大）……1顆
土司……1片
牛奶……60 ml

A
- 多香果……少許
- 荳蔻粉……少許
- 鹽……少許
- 胡椒……少許

培根……4～5片
馬鈴薯（盡量選小顆的）……適量

■做法

① 洋蔥切絲，炒鍋中放入奶油，以中火將洋蔥絲炒至上色，並一直翻炒至剩1/3的分量為止。

② 土司撕成碎片，跟牛奶一起泡在調理盆裡。加入冷卻後的①及牛絞肉、豬絞肉、雞蛋、材料A後，用手拌勻，直到出現黏度為止。

③ 等②揉得差不多後，修整成橢圓形，放在鋪了烘焙紙的烤盤上。

④ 小馬鈴薯上畫十字，放在③烤盤上的空位，把培根鋪在馬鈴薯上。

⑤ 放入以190℃預熱的烤箱中烤40～50分鐘。以竹籤刺穿，流出來的肉汁澄澈不混濁就表示烤熟了。

烤肉餅是我小時候鍾愛的美食。
通常我會塞進模具裡烤，
但媽媽的做法是捨棄模具，以手塑型。
如果把培根鋪在馬鈴薯上，再送進烤箱，
馬鈴薯就會吸飽培根的肉汁，
變得非常好吃。
我在媽媽的食譜上
加上了一點我的做法。

紅葡萄酒賓治（Claret Punch）

大雞尾酒盆，配上5個酒盅。
酒盆的底座可以卸下。
每當慶生會或聖誕節，看到這套器皿登場，
心裡就雀躍不已。
這是由Kagami Crystal製作的雞尾酒盆，
儘管是厚玻璃，當照射到光線，
便閃耀出醉人光芒，散發宴筵的歡騰氣氛。

■材料（4～5人份）

紅葡萄酒……300 ml
蜂蜜……4大匙
檸檬汁……1顆分量
碳酸水……800 ml
白桃（罐裝）……2罐
櫻桃……1包
哈密瓜……半顆
西瓜……1/8顆
冰塊……3杯

■做法

① 白桃切塊，白桃糖水留下備用。
② 用湯匙將哈密瓜跟西瓜的果肉挖成圓球狀。
③ 在雞尾酒盆裡倒入蜂蜜、檸檬汁跟紅葡萄酒，仔細拌勻，等蜂蜜溶化後加入白桃糖水和碳酸水。
④ 將白桃、哈密瓜、西瓜、櫻桃、冰塊放入③中即完成。

媽媽的料理筆記裡
寫著倒入紅葡萄酒，
她寫的是紅葡萄酒而不是紅酒。
我覺得好浪漫，
也跟著在我的筆記裡寫下紅葡萄酒。
所有小孩子都愛水果酒，
沒有一個例外，
就算現在已經是大人了，
還是覺得這真是美味！

泡芙

這是一套WEDGWOOD的咖啡組，
也是我小時候憧憬的餐具。
明明茶盅跟牛奶壺的形狀
是那麼地阿拉伯風格，
但咖啡杯的線條卻是筆直的。
我很喜歡這樣的搭配跟顏色圖案，
這一套也很適合用來搭配巧克力。

■材料（35個份）

◎泡芙皮

牛奶……60 ml
水……60 ml
奶油（不加鹽）……60 g
砂糖……2小撮
雞蛋……3顆
低筋麵粉……70 g

■做法

① 在鍋裡加入牛奶、水、奶油、砂糖、鹽後，以中火煮至奶油融化、沸騰後關火，低筋麵粉過篩後統統加進鍋中，以木匙快速拌勻。

② 攪拌均勻後，開小火繼續用木匙把麵糊從鍋底用力地上下攪拌，讓整體均勻受熱。一直到鍋底出現了一層薄薄的麵糊皮後熄火，將麵糊移至調理盆。

③ 趁麵糊還溫熱，把確實打勻的蛋液分4～5次加入麵糊。每一次加蛋液時都要用打蛋器拌勻，一直加到蛋液剩下約1/3時，視麵糊濃稠情況決定要不要繼續加蛋液。如果把打蛋器拿高，麵糊等一下才「砰通」地掉下去時，表示濃稠度差不多，就不用再加蛋液了。

④ 用兩支湯匙把麵糊塑型成直徑約2.5公分左右的麵糊塊，擺在烤盤上，每個麵糊之間隔一些距離。

⑤ 用噴霧器朝麵糊塊上噴水（如果沒有噴霧器，也可以用指尖沾水輕輕沾在麵糊上），放入200℃的烤箱中烤12分鐘後，將烤箱溫度調降至180℃，續烤10分鐘。烤好後放在冷卻網上冷卻即完成。

◎卡士達醬

牛奶……250 ml
香草豆莢……1/4根
蛋黃……2顆
細砂糖……50 g
低筋麵粉……15 g
B 鮮奶油……200 ml
細砂糖……5大匙

■做法

① 在調理盆裡加入蛋黃跟細砂糖，用打蛋器均勻打到變白色為止。加入低筋麵粉混合均勻。

② 用刀子將香草莢裡的香草籽刮出來，連同豆莢放入鍋子裡的牛奶中，用小火煮到快沸騰時把豆莢拿出來，趁熱倒入①的調理盆中，用打蛋器快速拌勻。

③ 把②倒回鍋中，以大火煮2～3分鐘，同時不停用木匙攪拌，直到冒泡、變濃稠為止。

④ 將③倒入容器中，趁熱以保鮮膜包好，靜置冷卻。

⑤ 調理盆裡放入材料B，打發6分鐘後在別

的調理盆裡倒入③，用打蛋器攪拌至變濃稠
後，再加入打好的鮮奶油，繼續拌勻。
＊以刀子切開泡芙皮，填入大量的卡士達醬。

小時候的點心裡有時候會出現泡芙，
媽媽自製的泡芙有種莫名的樸實味道，
好吃得令人覺得很開心。
伴隨著懷念的時光往事，
稍微加入了我的做法
呈現出這道泡芙。

蔬菜湯

WEDGWOOD附蓋湯盅。
細膩的藍與褐色的紋樣搭配，
呈現出優雅而成熟的風情，
就算只是裝普通的咖哩也非常出色。
再平淡不過的湯品
一擺在這湯盅裡就引人垂涎，
我想它是個有魔法的餐具。

■材料（4～5人份）

雞骨（連脖子）……2隻
大蒜……1瓣
月桂葉……1片
昆布
洋蔥……2顆
紅蘿蔔……1根
高麗菜葉……8片
西芹……1根
水……8杯
鹽……2小匙
奶油……3大匙

■做法

①洋蔥與紅蘿蔔去皮後切細絲。高麗菜切絲。西芹去葉後將莖切絲。
②用菜刀柄把雞骨整個敲一敲。
③拿個大鍋子裝入大量的水煮滾後，放入雞骨再沸騰一次，接著將雞骨拿出，在水龍頭下沖水，洗去表面污物。
④將步驟③湯鍋中的水倒掉，沖洗乾淨後把②的雞骨、①不要的蔬菜皮、葉子、月桂葉、整顆蒜頭、昆布放進鍋中，加水以小火熬1小時，邊煮邊撈去浮渣。
⑤夾出蔬菜跟昆布，續以小火慢慢熬半小時後關火。趁熱用湯勺舀到已鋪上廚房紙巾的濾網上過濾。
⑥將⑤倒回湯鍋裡，以中火煮滾後加鹽調味，放入蔬菜絲。
⑦蔬菜絲煮軟後加入奶油，試試味道，不夠鹹的話可以加入材料分量外的鹽調味，最後再倒入湯盅裡即可。

這道美味的蔬菜湯
使用的是切成細絲的蔬菜。
我把媽媽的食譜
稍微改良了一下，
這是有著大量蔬菜、
對身體很好的湯，
疲累時，
我偶爾會想念這個滋味。

文・攝影─久保百合子
攝影─公文美和
翻譯─褚炫初

署名「す.」的女孩

童年時，我對所謂可愛的東西完全沒興趣。不光是很討厭粉紅色，也從未強烈想要擁有洋娃娃。

不過我對三麗鷗的玩偶卻非常著迷，受到當時最喜愛的草莓新聞（在三麗鷗店面販售的夢幻報紙！）影響，甚至會想出自創的玩偶自己製作報紙。

再大一點，我開始瘋OSAMU GOODS，還有史努比、瑪德琳（譯註：Madeline，著名的美國兒童文學）、以及米飛兔等等。他們的設計都很簡潔、不會過於甜膩，就算長大成人也仍繼續喜歡著。我最愛看到他們被印刷在紙張上的樣子。

即使到如今，那些能觸動心弦的玩偶依舊存在，我的剪貼簿才能一點一點收集下去。

東京有間叫做MATTERHORN的甜點店，包裝上所畫的女孩，應該是我最鍾愛的吧。女孩輕飄飄地站在漂亮的綠色背景前，旁邊有個讓人印象深刻的署名「す.」（su）。

我從買來的甜點裡那張小卡得知，作者是名為鈴木信太郎的畫家。

另外有次工作，午餐拿到神田志乃多壽司，我被它的包裝紙嚇了一跳。因為這裡也有「す.」的署名，以及模樣更加樸拙的女孩！這麼說來，難不成西荻窪那間小木偶店的女孩玩偶也出於同門？果不其然，署名正是「す.」。

鈴木信太郎出生於1895年，從15歲開始畫畫，據說到93歲辭世為止，一直都精力充沛地持續創作。

他的隨筆提到曾不斷走訪奈良、長崎與全國各地海岸，進行旅行寫生，那些風景總是閃耀著光輝，流露悠然與和諧。他還多次描寫到對心愛的芍藥與蜜桃進行素描時的喜悅。我想那些掛在MATTERHORN牆上的油畫之所以讓人看了那麼愉快，原因在於畫家本人比誰都還享受作畫的過程。所以賞畫的我們也感染了那份快樂。

我從MATTERHORN第三代老闆金子亮一那兒聽說，他們至今仍很珍惜地使用在包裝紙、蛋糕盒、以及喝茶用的杯墊上那個女孩的設計（她是個人偶，有點傻傻的，鈴木信太郎畫了許多人偶的圖像），是他們在1952年創業時委託他畫的。

還是不喜歡洋娃娃和粉紅色的我，卻對印在MATTERHORN包裝上的人偶情有獨鍾。因為實在太可愛了啊！

1 神田　志乃多壽司
2 MATTERHORN的紙袋
3 人偶店
4 福砂屋的火柴
5 MATTERHORN

料理攝影師的先鋒——
佐伯義勝

隨著時代改變的料理與料理攝影

佐伯義勝是從1945年左右開始著手拍攝料理照片的先鋒人物。透過相機視窗觀察料理世界，一路走來已有50餘年，還曾與日本攝影界的傳奇人物攝影家木村伊兵衛、土門拳以及日本料理界的大師交流，讓我們來聽聽他與這些大師的逸事。

文—高橋良枝　攝影—木村拓　翻譯—王淑儀

《男子料理我也會做》
小學館
定價1900日圓
1980年10月25日　首刷發行

《名品　茶懷石》
婦人畫報社
定價1400日圓
1973年3月1日　首刷
1978年5月15日　8刷
作者　辻嘉一

《招福樓　歲時紀》
世界文化社
定價800日圓（稅外）
首刷發行　2002年10月30日
作者　中村秀太郎

我今年81歲（編按：採訪當時為2008年），算算這樣拍照的日子已經過了快60年。我看起來還活躍在第一線，但其實像我這樣81歲的老頭，一個月只能接到兩、三件案子，差不多是失業狀態。以前可是從早工作到晚，半夜還要跟料理家討論如何拍攝，連飯都不能好好吃一頓，助理還抱怨說想要有30分鐘好好吃個飯呢！

本人雖然這麼說，但至今仍在工作崗位上努力，且還有料理的拍攝指名「非佐伯不可」，在《家庭畫報》裡「德川家的餐桌」或是「老家的年節料理」等單元，都可以看見照片下的版權標示一定是「佐伯義勝攝影」。

大學畢業時正值二戰後，戰敗的日本物資缺乏，難求溫飽，今日所見的料理根本就是夢幻中的夢幻。

我到現在還是非常喜歡南瓜，早餐就吃微波加熱的南瓜淋上優格或是加奶油。我覺得自己這條命是南瓜救回來的，也可能是拜南瓜所賜吧，至今我除了有心律不整的毛病之外，還沒生過什麼大病呢！

佐伯義勝1927生於東京，自明治大學專門部商科畢業後，進入木村伊兵衛等攝影師所屬的公司Sun News Photos。當時，Sun News Photos裡除了木村伊兵衛，還有田沼武能、三木淳等知名攝影師，以及漫畫家岡部冬彥。

伯父是開照相館的，所以從小就開始玩相機，大學時代也參加攝影社，也是在這個時候認識了木村伊兵衛老師，才會在畢業後就直接進到他所屬的公司。

但這間公司其實也瀕臨破產，無法支付薪水，佐伯說當時的生活費是從女性雜誌那邊賺取的。那時料理攝影還不是主要的工作，拍的多是時尚、手工藝、封面照片，只要有案子都接。

在Sun News的工作是跟著木村老師去一些代表日本的企業，像是川崎製鐵、

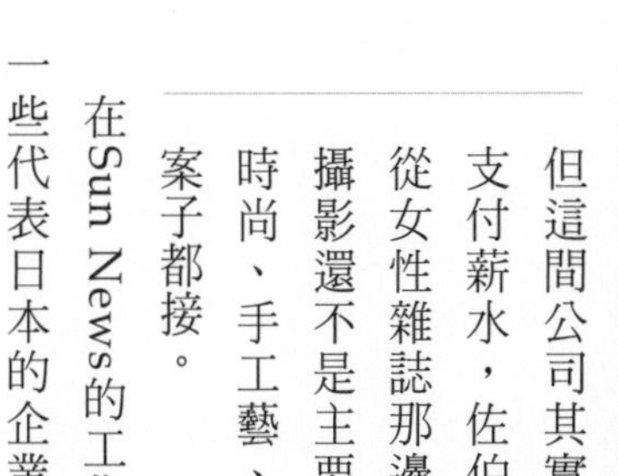

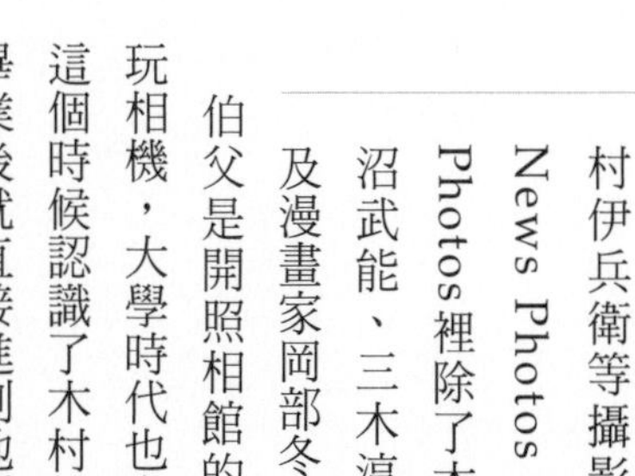

左／書房裡的書架上，有一整排佐伯拍攝的辻嘉一老師的著作。右／拍過無數料理照片，佐伯先生愛用的照相機。

●木村伊兵衛
（1901～1974年）
從戰前到戰後，活躍於日本近代攝影史的重要攝影師。不論在新聞報導、宣傳照、故事寫真（story snap）、人物照、舞台劇照等各個領域都留下為數眾多的傑作。

●土門拳
（1909～1990年）
日本代表性攝影師，特別在日本庶民、佛像等的攝影上發揮其才華，也是日本攝影界首屈一指的知名寫作者。

●田沼武能
（1929年～）
1949年進入Sun News Photo，師事木村伊兵衛。1965年開始以全世界的孩童為拍攝主題。日本攝影師協會會長。2003年獲日本文化功勞獎。

●三木淳
（1919～1992年）
以捕捉到吉田茂叼著菸草等等的照片聞名的新聞攝影師。作品被選入《Life Magazine》建構了日本新聞攝影照片的基礎。

●岡部冬彥
（1922～2005年）
漫畫家，作品主題廣泛，從家庭生活到諷刺不合理的成人社會之作品等都有。代表作為《小安》、《厚釜先生》、繪本《蒸汽火車八重門》等。

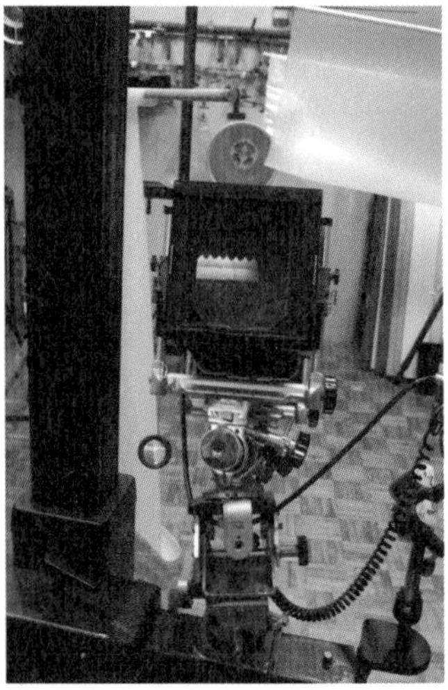

神戶製鋼等等的工廠拍照，製作日本工廠的專輯，介紹這些工廠給美國或其他戰勝國的買主。有時要爬上大型起重機去拍，有次為了要拍到工廠的全景，我將相機、腳架裝在後背包就爬上70公尺高的煙囪頂端，將三腳架架起來拍照。木村老師在下面，對我喊「喂、義勝，沒問題吧？」他看起來只有豆子般大。啊，那段日子真的太有趣了。

若在公司沒有事情做的日子，我也會自己跑去砂川鬥爭（譯註：1957年美軍試圖延長東京砂川空軍基地的跑道，遭到日本民眾抗議，後來演變成激烈的反美運動）之類的活動現場，很偶然地事情就在我眼前發生了，我捉到很好的拍照時機，這也是那些照片會被刊載在一些紀錄昭和時代的攝影集裡之緣由。

認識土門拳老師是因為木村老師的學生帶我去見他。土門老師會在長屋拉門上寫下人名，原來那些都是他覺得將來會成材的攝影師名字。那裡還有些空位，我就說希望有一天我的名字也能在那上面，結果沒多久我的名字就被寫在最下方。親眼見到的時候，真的是高興得要飛上天了。

認識辻嘉一
成為日後變料理攝影師的契機

名店「辻留」的辻嘉一出現在這名青年攝影師的面前。這命運的邂逅改變了佐伯此後的攝影人生。

有次，因《婦人畫報》的工作而有機會去拍「辻留」的辻嘉一做的料理。他用的是足以拿去博物館、美術館展覽的國寶級，現在來說是可列入重要文化財的器皿，從料理到擺盤一氣呵成，營造出非凡的氣勢。每當他一擺設好就會突然下令：「就是現在，馬上拍！」若是還慢條斯理，他就會從背後推你一把。

例如鹽烤香魚，只要一放久，魚身上的鹽就會吸附油脂，看上去就不好吃了，那與時間搶快的過程令人緊張，心臟都快跳出來，誇張點可說是料理家與攝影師的競賽。從這個時候開始覺得拍攝料理真是

4×5的拍立得攝影時使用的工具。站台上面畫著腳形，可能是某位弟子畫上去的吧。

●辻嘉一
（1907～1988年）
京都懷石料理店「辻留」的二代店主。14歲開始拿起菜刀，此後60多年為研究及推廣日本料理及懷石料理而獻身。參與多數的電視節目。昭和56年獲得食生活文化功勞賞、昭和63年獲頒四等瑞寶勳章。著有《辻留料理推薦之家庭料理》、《四季擺盤 料理的形與色》、《辻留的和食器入門》、《味覺三昧》、《料理的範本》等約80種。

●辻留
明治35年，由第一代辻留次郎創立，在裏千家的指導下，於京都東山所開設的懷石料理店。京都店只做外燴，由料理人前往為茶席等宴會製作懷石料理。

●閃光燈
strobe light，或有廠商稱為speed light，於瞬間打出強度接近日光的閃光裝置。Strobe來自美國製造商Storobo Research Co.之名。

●4×5
最常被使用的大型相機種類。因底片尺寸較大，畫質較佳，可表現出多彩的影像效果。

●失焦處理
縮小對焦的範圍，將焦點放在畫面最前方或最深處，其他的部分則因為不對焦，使得畫面

太有趣了，「料理跟新聞報導的照片，都是在一瞬間決定勝敗」。

佐伯的書房裡，書架上排列從辻嘉一的著作，到至今所有拍攝過的食譜作品。問他目前為止拍過多少本，本人好像也算不清楚了！

因為如果問你「至今吃過幾頓飯？」你也一定答不出來吧？對我而言，拍照就跟吃飯一樣自然。

那時拍照需要打一種白光鎢絲燈，一次要架好幾個，曝光也需要很長的時間，料理的表面若失去水分，就要用刷子刷上油或水，或是噴灑酒補強。

有次有本雜誌要我們拍辻留的料理，結果照片洗出來大家都呆掉了。因為是在榻榻米上拍照，因此只是有人走過也會產生振動，拍出來的照片全都糊了。

隨著攝影器材的進步，攝影技術也日益變化

閃光燈的出現也是一個劃時代的進步，一瞬的亮光下即可拍照。不過這時還沒有拍立得，照片不是拍了當場就能確認，不知道拍出來的效果如何，一直到相片洗出來的那一刻，都令人緊張得無法安睡。我也遇過一直拍不好而連續重拍三次的狀況，不過現在回想起來倒也還滿懷念的。

1950~1960年代的女性雜誌以《主婦之友》、《婦人生活》、《婦人俱樂部》、《主婦與生活》等四大誌加上《婦人畫報》為主流，之後也有《家庭畫報》及其他女性週刊陸續創刊，在這些刊物裡面都能見到佐伯拍攝的料理照片。

拍攝料理照片時是用4×5的大型相機。那時的料理照片一定都要非常清晰，現在反而是柔焦的比較多了。有一次我為國外的客戶掌鏡，對方竟然說太清楚看起來好有壓力，希望可以拍得糊一點，那時我才體認到，啊！現在流行這樣柔焦的影像，原來這樣才是現代的主流吶！

時代不同，料理照片也有不同的流行趨勢。以前都是請一流的料理家用很好的器皿或是小道具擺設，拍出氣勢十足的感覺。但時代已經不同，這樣的照片反而已不受歡迎了。

現在，料理也好，料理照片也好，都變得很親切、不再那麼誇飾了吧！兩者之間沒有好或不好的分別，就是時代的需求不同，趨勢是如此而已。

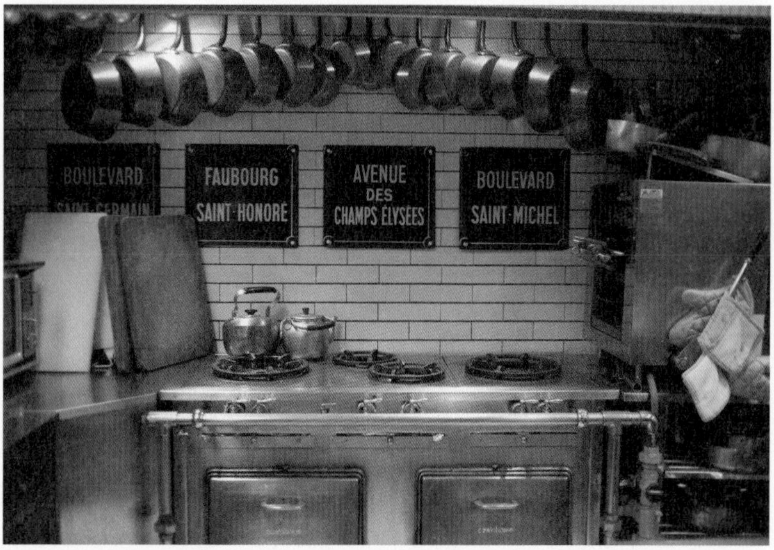

攝影棚裡所搭建的廚房一景。牆上一整排掛著的銅鍋是購自1970年萬國博覽會時法國館的展示品。

產生失焦、朦朧的效果，是近年來流行的攝影手法。

約有11年的時間，每週為《週刊POST》「男子料理」的單元拍攝，對我而言是最有趣的工作。編輯也是男的，料理請到各界著名的男性來製作，材料更是不惜成本從全國各地運來，例如花45萬日圓買松茸啦，有時為了要用到螃蟹，空運過來花了60萬日圓，其他像是珍珠雞、綠雉、銅長尾雉（或稱山鳥）、兔子之類的野味也都出現過，真是男性品味的世界呀！

有時也會到郊外出外景，不過大部分料理還是在攝影棚內拍攝。用的器皿或道具全都是我個人收藏，由我擺設，這個連載後來做成約12本的MOOK。

在佐伯攝影工作室的地下室裡，有著為數驚人的收藏品。廣大的空間塞滿了歐洲知名大廠生產的古董陶瓷器、時鐘、籃子等拍攝料理照片時可能會用到的各式各樣的小道具。據說這些陶瓷器、木製品在50年前的日本很難找到，是佐伯每次出國去到歐洲時一一帶回來的。

那時不像現在，既沒有道具出租公司，也沒有所謂的佈景設計師。盛裝料理的器皿基本上是用料理家帶來的道具，但也不可能有很多可替換，有時就會出現《主婦之友》跟《主婦俱樂部》用同樣一件器皿的狀況。但只是這樣拍攝的話既不有趣，也很不應該，所以這也就成為我開始收集器皿的契機。

現在回頭去看，真像是南柯一夢。這些器皿有很多是來自於法國、德國、義大利，北歐的也不少呢！因為自己也很喜歡，不知不覺就收集了這麼多。

在佐伯義勝記憶中，與那些代表昭和時代的料理家工作的情形

昭和30〜40年代，為女性雜誌增添色彩的料理家有飯田深雪、江上登美、河野貞子、柳原敏雄、榊淑子、土井勝等。他們雖然已仙逝，但都有佐伯義勝的照片替他們留下身影。當時除了出版社編制內的攝影師外，找不到第二位像佐伯義勝一樣活躍於料理攝影界的知名攝影師。

江上登美出身九州熊本，一輩子都很重視家鄉味；河野貞子做的家庭料理非常美味；飯田深雪很長壽，我有幸與她合作近50年。她雖然以Art Flower的創始人聞名，但在我眼中，是位了不起的教育家。有次我聽到她對年輕人說：「請大家要

右／芬蘭名牌ARABIA的器皿、法國鑄鐵鍋大廠Le Creuset的鍋子，各種形狀、顏色一應俱全，有些甚至現在市面上已找不到了。左／有超過30個各種大小、形狀的秤隨意地擺在架上。

●飯田深雪
（1903〜2007年）
既是料理研究家也是Art Flower的創始者。婚後隨著外交官丈夫的工作轉調，生活於美國、英國、印度等地，戰後在燒毀的組合屋裡用撕下睡袍的袖子做出虞美人草的造花，開始Art Flower。為NHK電視台「今日的料理」開播以來的講師，致力推廣西洋料理。著有包括餐桌擺飾、室內裝潢相關著作達百種以上。

●江上登美
（1899〜1980年）
日本最早的料理研究家，也是電視播放草創時期活躍的料理研究家之一。50歲之後開始上NHK「今日的料理」、「Q比的3分鐘料理」等節目。介紹食材時多加了敬語，因此被稱為御蘿蔔婆婆。創立江上料理學院，為家庭料理的普及盡心盡力。

●河野貞子
（1899〜1984年）
1920〜22年間因丈夫工作的關係而住在紐約，向飯店大廚學做料理、吃遍各國餐廳。回國後開始指導授課。不論再怎麼忙碌，早上都會親自送丈夫出門，在先生下班回家前將工作告一段落、收拾好，不讓家人有任何不滿。

活出自我，否則就會像我一樣為了不幸的婚姻而痛苦。」著實讓人嚇一跳。在1950~60年代，根本沒人敢這樣說，所以我認為她是位令人尊敬的教育家。

土井勝較其他人年輕些，現在他的兒子善晴也很活躍，我們也合作過兩、三次。

有很多人很喜歡佐伯先生的作品，希望可以做他的助理跟在身邊，這些經歷過佐伯攝影工作室，也被稱為是佐伯學校，而今於料理攝影界大放異彩的攝影師也不在少數，這次為我們拍攝的木村拓也是其中一人。助理獨立出去時，佐伯先生一定都會幫忙寫推薦信。

我能做的也只有這樣了。從我的工作室獨立出去的助理將近40名，目前身邊沒有專職的助理，有案子時再找以前的助理幫忙兼任一下，不過大家越來越忙，有時要發案子出去也不太容易。

我一輩子都在拍料理，之後不知道還能再拍幾年。捕捉剛完成的料理最完美的一瞬，拍出引人食慾的照片，我想這就是

不只是櫃子裡，連天花板上也掛滿了鍋子、籃子。

撫摸著愛犬香檳。

●柳原敏雄
（1912~1991年）
料理研究家。江戶懷石近茶流前代宗師，主持柳原料理教室。確立了江戶時代以來，柳原家傳近茶料理體系流派。成為近江流宗家。著有多本作品，代表作有《山菜歲時記》、《傳承日本料理》、《懷石近茶流》、《旬》等。

●榊淑子
（1911~1988年）
父方家族為九州有田擁有350年歷史，代代受命打造皇室御用食器。父親為老饕，一年到頭都在家設宴由母親親手製作料理招待朋友。結婚後開設了料理教室，活躍於雜誌、電視、演講等活動。

●土井勝
（1921~1995年）
1953年設立前身為「土井勝料理學校」的「關西割烹學院」。致力於為研究及推廣日本家庭料理，並有不少著作。1953年日本開始試播電視節目時即上節目作菜。成為NHK「今日的料理」、朝日電視台「土井勝的紀文小菜料理秀」的固定成員，以「有媽媽味道」而廣受好評。

留存在飛田和緒印象中的❺

伴手禮

SASAMA最中

在收過的伴手禮當中，最多的可能是SASAMA的最中（譯註：外皮用糯米製作，包著紅豆內餡的日式傳統點心）。我甚至聽說，位於神保町的SASAMA，幾乎可稱為各家出版社的御用店家、編輯饋贈親友的口袋名單。

初次收到那裡的最中，已是差不多15年前的事情。當我對於是否將以料理為業，仍處於探索期時，從一位年輕男編輯手中收到這個禮物。打開盒蓋，裡面是沒有多餘空隙、排列整齊的小巧最中。

無論是一、兩口就能吃光的大小、薄薄的外皮、紅豆餡的甜度與分量，我都好喜歡。有時開會很匆忙，我會一口接一口把最中往嘴裡送，回過神來才發現，竟然一口氣

吃了4個。

看到我這樣，一定嚇壞那位編輯了吧！可惜沒多久他竟然病倒，並離開了人世。而後每當我品嘗SASAMA的最中，都會想起當初那位編輯帶著這份美味的禮物，探望還是新人的我這段往事。

桃林堂水羊羹

我默默收集著和菓子的包裝盒。它們個個楚楚動人，非常美麗。在我內心深處，品嘗和菓子，除了外觀、滋味，連外盒都值得期待。

桃林堂的水羊羹被放在一個個用紙摺成的小盒子裡，再以細緻的金銀線綁起來。光是用看的，也令人陶醉。

文—飛田和緒　攝影—日置武晴　翻譯—褚炫初

SASAMA
東京都千代田區神田神保町1-23　☎+81-3-3294-0978

桃林堂・青山店
東京都港區北青山3-6-12　☎+81-3-3400-8703

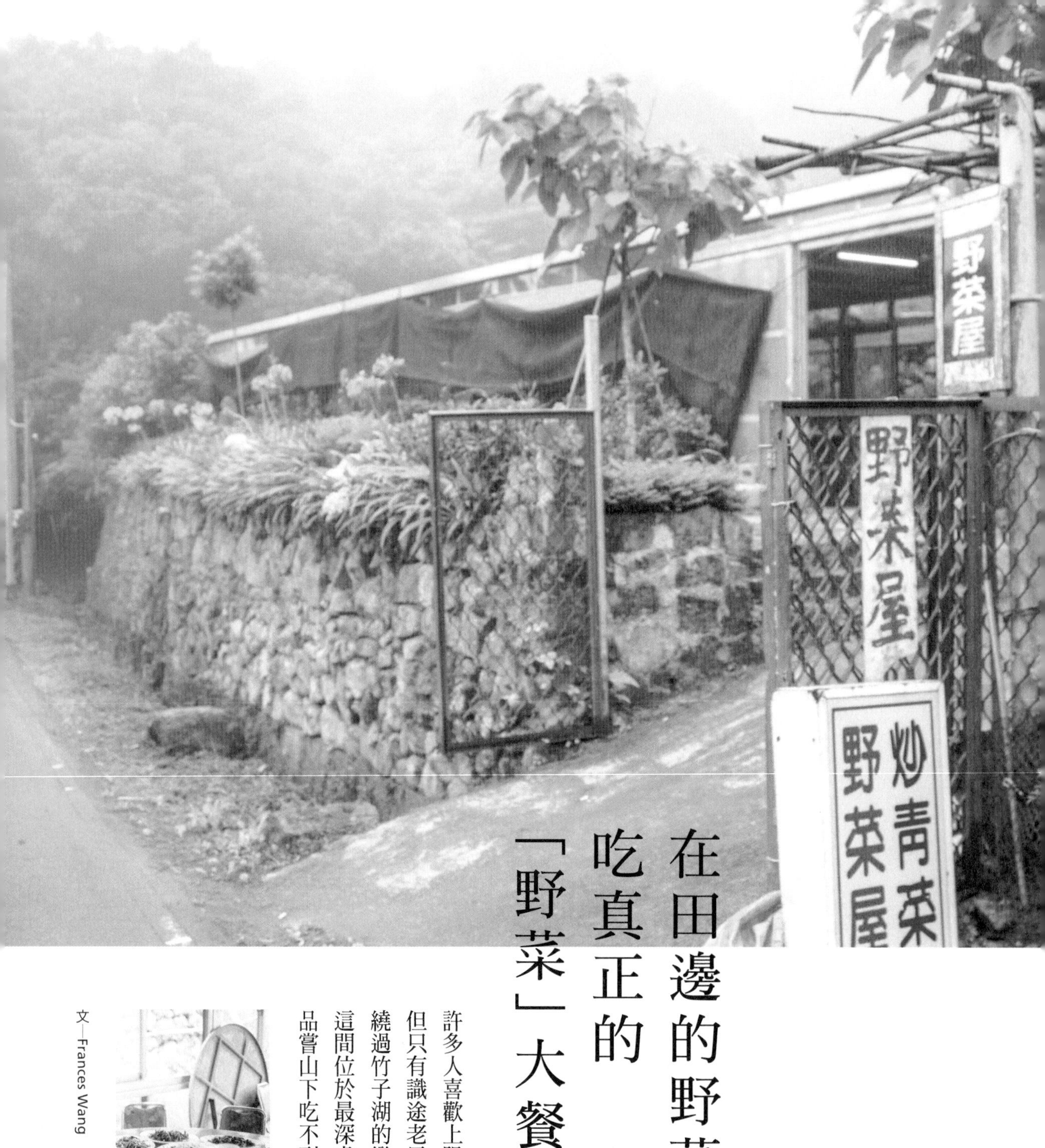

在田邊的野菜屋
吃真正的
「野菜」大餐

許多人喜歡上陽明山吃野菜，
但只有識途老馬才知道，
繞過竹子湖的彎曲山路，
這間位於最深處的野菜屋，
品嘗山下吃不到的真正「野菜」。

文—Frances Wang　攝影—dingdonglee

假日的陽明山竹子湖，穿過熙來攘往的人潮與車潮，沿著唯一的山路，蜿蜒前行。過了人潮聚集的區域，路的兩旁，只剩高聳茂密的林木。很多人往往開車開了5、6分鐘，沒有看見任何店家和人影，便開始懷疑是不是走錯路了，因此偶爾可見在路中間迴轉調頭的車輛。

但只要繼續往前行，穿過林木夾列的一個轉彎，眼前豁然開朗，右邊山坡上的菜田裡，矗立著一個宛如溫室的臨時棚架，那就是「野菜屋」了。

顧名思義，野菜屋是提供野菜料理的餐廳，這裡的野菜，並不是故意用日文野菜來表示蔬菜的意思，而是真正的「野菜」。除了手寫的菜單，客人可以在區隔廚房的台子上直接看著一籃籃的野菜挑選，而這些野菜，都是老闆夫婦在這片山坡地自己種植或是從後山採來的。甚至當籃子裡的菜不夠時，穿著黑色雨鞋的老闆娘，馬上走出餐廳到田裡摘取，有些甚至不在田裡，可能是長在田埂邊，例如被當作雜草的昭和草，都是滋味鮮美的野菜。

依照季節，提供當季的野菜，因此，在這裡的內行吃法，就是詢問老闆，現在哪種菜最好吃。而且每道菜不用太多的油，或加破布子，或加辣椒，或用大蒜清炒，端出來的炒野菜，各有獨自的風味。

夏天去的時候，老闆推薦昭和草、蘿蔔嬰、山茼蒿等蔬菜；秋天再去的時候，推薦的是龍鬚菜的果實——佛手瓜，當然加上破布子和小魚乾炒的山蘇，也是老闆的拿手好菜。

除了野菜，這裡的湯也是一絕。許多人會特地上陽明山吃土雞，這裡也有白斬雞和各種雞湯，例如老闆自行醃漬處理孟宗竹所做的竹筍雞、山藥雞、金針雞，還有用冬蟲夏草煮的排骨湯等。

曹老闆的炒麵和芋棗也是熟客必點的兩道料理。先用醬油乾炒過、最後才加一點水的道地台灣式炒麵，只要嘗過，必定會讓人想起早期台灣大街小巷辦桌料理的回憶。而用油鍋炸過、卻不像一般坊間外皮裹粉吃起來油膩的芋棗，曹老闆說，祕訣就在芋泥裡的油比例。為了讓粉粉的芋泥能夠捏塑成形，必須加入油，過去是用豬油，現在則為了不吃

Photo_France

在這裡會看到許多平常不曾見過的野菜，例如常見的龍鬚菜，竟然會長出佛手瓜這樣的果實，老闆認為炒過的佛手瓜比生吃更好吃。

葷的客人，改用沙拉油，而且捏好的芋棗外面不再裹粉，也就不會吸油，因此這裡的芋棗會讓人吃了就停不下筷子。

過去只經營假日，現在平日也營業的野菜屋，滿足了許多熟客或是經過此地要往中正山登山口的登山客們。

「在這裡做了二十幾年了。」午後兩點，在幾桌客人都離開後，靦腆的老闆從廚房走出來，拉了一張椅子坐在旁邊回答我們的疑問。

以前曾是總鋪師的曹老闆，在前總統李登輝也愛去的重慶北路第一餐廳工作，趁著餐廳改裝休假期間，在這片自己家的山坡地上種菜，賣料理，等餐廳改裝完，曹老闆卻已經不想再回去，寧願在這山上賣野菜料理。

野菜屋沒有什麼裝潢只有路邊辦桌的桌椅和木頭做的矮桌椅，但卻吃得到樸實老闆夫婦用心種植所做出的、好吃且價格平實的料理。

來過一次之後，不管是什麼季節，到了竹子湖，總會想再來這裡看看有什麼不一樣的野菜可以大快朵頤。

野菜屋

台北市陽明山竹子湖路55-7號

☎0930-062829　曹永固

㊔平日 10：00～18：00

假日 10：00～19：30

香酥卻沒有油膩感的芋棗，冷了也還是非常好吃。

長在山路邊不起眼的昭和草，有著獨特的滋味。

這片田裡到底有多少種野菜呢？想知道吃下去的野菜在田裡的模樣，有空閒的時候，老闆娘甚至會親切地指引入田一探究竟！

破布子小魚乾炒山蘇。

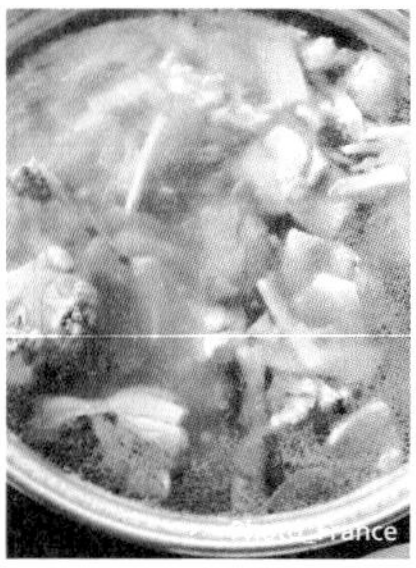

竹筍雞。

日式關東煮，
冬天的溫暖滋味。
小器空間
台中市中南屯區大容東街15號
04-2310-1797
www.facebook.com/xiaoqispace

義大利日日家常菜

米澤亞衣很講究材料，
有時候還會特地跑到很遠的地方去買新鮮好吃的蔬果。
她從義大利買回來的那個橄欖木大碗裡，
永遠擺著各式各樣令人愛不釋手的當令水果，
繽紛而熱鬧。

料理．造型—米澤亞衣
攝影—日置武晴　翻譯—蘇文淑

翡冷翠的Antinori街角拐個彎，有家直接把名字取為「麵包店」的麵包店。每天早上我為了買剛出爐的麵包，在天還沒亮的時候就從半開的鐵捲門下鑽進去，冷淡的店員也一貫用一百零一號表情問我想買什麼。

那個9月的早上，偌大一塊葡萄色絨毯般的烤盤映入了眼簾。

「差不多這麼大塊。」店員切下了我要的分量。一顆顆種子與醉人心脾的葡萄香彷彿讓我嗅聞到充沛的、屬於這個國家的樸實與某種氣度般的性格。

■材料（4～5人份）

麵團（20×20cm的方形麵包一塊）

高筋麵粉	300g
細砂糖	40g
乾燥酵母	6g
特級初榨橄欖油	30g
溫水（30℃）	約180g
鹽	6g

裝飾用材料

黑葡萄	約600g
細砂糖	4大匙
特級初榨橄欖油	2大匙
西洋茴香籽（隨意）	適量

■做法

把麵粉倒在工作檯上，堆成一座小山，中間挖個洞倒進細砂糖跟乾燥酵母，接著緩緩倒入溫水，從洞口內把材料往外揉在一起。

揉成一團後，在麵團上四處挖洞，加入鹽繼續揉，直到覺得麵粉跟水混合得差不多了，加入橄欖油繼續捏揉。

把手跟工作檯擦乾淨，在檯面上灑一些麵粉以防沾黏，麵團放在上面繼續揉，最後揉得圓滾滾的，合起來的褶痕朝下擺放，塗上一些橄欖油後放入調理盆裡。

在盆上蓋塊布，在溫暖的地方靜置一個小時，讓麵團發酵成兩倍大左右。

往麵團中心輕輕一壓，然後挪到撒上麵粉的工作檯上，輕柔地將它揉成長條形後切成兩半，用擀麵棍把其中一塊擀成約1cm厚的薄片，塗上榨橄欖油後擺在烤盤上。

在這張麵皮上撒上8成左右的葡萄，稍微壓進麵皮裡，再撒上一半的細砂糖跟橄欖油。

接著照樣把另一塊麵團擀成麵皮，覆蓋在方才那張麵皮上，撒上剩下的葡萄、稍微壓進麵皮裡，再撒上細砂糖跟橄欖油。

噴一些水，放進180℃的烤箱裡烤45分鐘左右，將表面烤成淡褐色即完成。

＊可視個人喜好，將西洋茴香籽跟葡萄一起撒上去。

＊正統做法用的是做葡萄酒的帶籽黑葡萄，也可選擇自己喜歡的黑葡萄種類。

Schiacciata con uva
葡萄扁麵包

桃居・廣瀨一郎此刻的關注⑬

探訪 酒井淳的工作室

在東京國立的住宅區街坊之中，有間以大片玻璃為門，時常對外敞開的「匙屋」，那是製作木湯匙的酒井淳之工作室兼店面。就讓我們來拜訪這位一邊與使用者直接接觸，一邊製作作品的酒井淳吧！

文—草苅敦子　攝影—日置武晴　翻譯—王淑儀

離最近的車站走路10分鐘。圓形招牌十分醒目。

「如果可以像蔬果店或是眼鏡行那樣，被當作是在經營一家店面的話……」

大約10年前，酒井淳因為這樣的理念，而開始了這間以「匙屋」為名、製作小小木製品的工作室。

這一棟位於國立，已有年紀的「第一松葉莊」，既是酒井淳的住家，也是工作室兼店面。一樓是店面以及跟朋友一起分租的建築設計事務所，爬上陡峭的階梯上到二樓後，左手邊是他們夫婦的居住空間，右手邊則是三坪大的工作室。

這棟樓在酒井淳租借之前，已整整閒置了20年，當時的狀態是滿佈灰塵，進去後伸手不見五指，據說酒井淳是「很興奮地」憑著自己的力量改建。於是在2006年由妻子加代策畫，展示著自己與其他作家作品的「匙屋」誕生了。

說到可以接觸客人的地方，至今一直只有展覽會的會場而已，然而自己的理想是讓製作的工作與民眾的接觸是相連動的，換句話說，不只是作為展示，若是簡單的修理、或是接受客訂等可以有更多人與人的聯結，很希望在自己居住的街道上有這樣的店家之想望，就是開設「匙屋」的理由。

於愛知出生、長大的酒井淳因為工作的

左起為酒井淳、妻子加代、廣瀨一郎。

關係而開始了東京的生活，與在當地打工時認識的加代結婚後，25歲離職，走上創作之路。

「是她的鼓勵，我才下定決心。一開始，我對創作有莫名的憧憬，那時的我，對創作東西的想像就是削木頭。」這樣一心一意地削出來的湯匙形狀每個都不一樣，這就是手作的證據。廣瀨一郎看著這些上了漆，仔細收尾、完成的湯匙一邊開口問：「你是在哪裡學的木工呢？」

「是自學的，從小我就喜歡做些東西，不過沒想過會當作事業來做。」

最初是想要為小孩做玩具或是製作掛在門上的名牌，就在摸索製作的過程中，慢慢地做出不少可以拿出來給人看的湯匙，就成了作品的中心。

連音質都好古樸的收音機，流洩出來的是法國香頌。

為了減輕夏天日晒的炎熱，在窗邊掛上葫蘆藤架。

二樓工作室的窗邊，工具隨風搖晃著。從外面一眼就可以看見這裡是製作物品的場所。

「湯匙是最貼近身體的生活用具。小歸小，卻好像所有故事由此展開的感覺。」

木湯匙幾乎是全程手工製作，因此二樓的工作室沒有那種巨大的機臺，只有必須用到的木材與工具塞滿整個小小的空間。

也做過那種不太一樣的湯匙，像是握把與凹槽的部分分別用不同的材質製作，再用木釘聯結成一根湯匙，取名為「果實中蹦出來的湯匙」。

「一開始是想說就算是個小小的材料，只要加個握把就可以做出湯匙了吧！於是就用斧頭隨意削出握把的形狀。讓我想要在製作過程中加入一些自己無法完全掌控的要素在湯匙中。」

這枝湯匙的凹槽是用核桃木做的，握把則是栗木，兩者都是會結果實的樹。

這不是會強調自我主張的作品，不論是素材或是圓潤的切割面都可以感受到創作者的柔和與不著痕跡。

「一天做不到10把，一年下來大約只能做900支左右，數量無法太大。」唯一的好處是在工作室製作的湯匙可以在一樓直接交給客人，「與使用者的聯結十分緊密」。萬一缺角或是掉漆，也可以送來修理或是重新塗裝。

我們是在營業時間內去店裡拜訪，發現

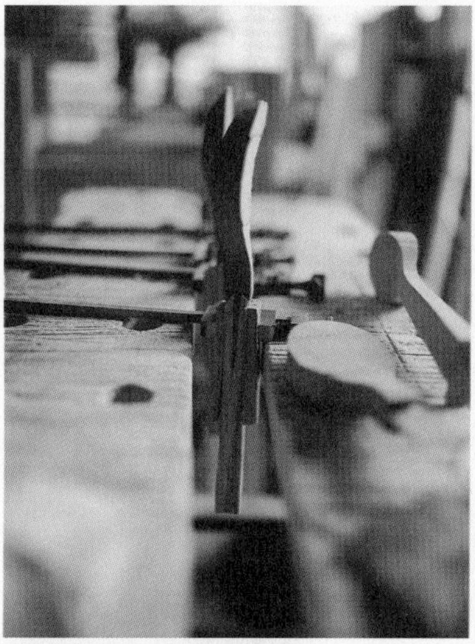

木造混泥土公寓的一室裡，有著木製的作業台、用魚箱抽屜改造的工具收納櫃、製作用的木材……讓整個工作室飄散著木頭的香氣。這裡正是與「大量生產」一詞完全相反的地方，是為了可以慢慢製作物件，專屬於酒井淳的空間。

右／在廚房裡發現自製的湯匙與筷子，也成為生活風景裡的一部分。
左／去年的乾燥葫蘆掛在窗邊。

客人絡繹不絕，有從遠方來的，也有住在附近，隨意進來逛逛的。看來「匙屋」已完全融入這條街的生活當中。

「不論是誰在下意識裡都會希望與他人接觸。我認為製作者與使用者本來就應該是彼此有所聯繫的，同時也希望大家在生活之中可以使用這樣的作品。」

廣瀨一郎滿意地這麼說著。

「可以有像酒井這樣製作一些小、但健全且重要物件的人，真的很讓人安心。」

酒井淳

1969年生於愛知縣。在東京工作過一陣子，1994年左右開始以木頭創作。1998年將據點自檜原村移往國立市，參加過多次的個展或企畫展出。2006年在一位創作朋友的鼓勵之下，與妻子加代一起開設了藝廊「匙屋」。除了展售自己與其他作家的作品外，也舉辦各式企畫展及活動。

匙屋

匙屋於2013年7月關閉。
目前工作室位於岡山縣。
http://www.sajiya.jp/

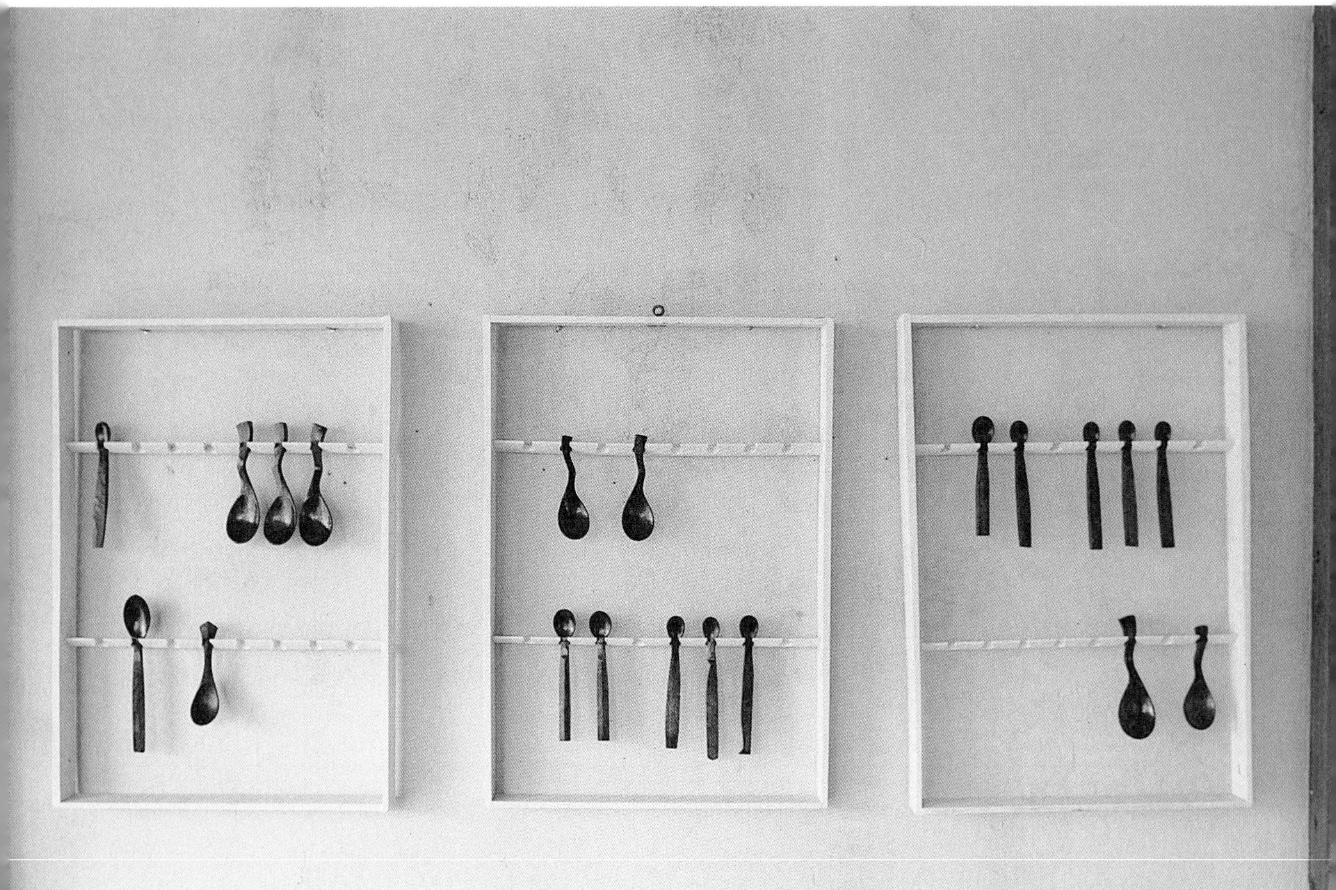

與樸素而值得信賴的湯匙相遇，小小的幸福

文—廣瀨一郎　翻譯—王淑儀

食器原本就是與人體最接近的器物，其中又以湯匙是直接與嘴部接觸，對人而言，沒有比它更親密的工具了。在所有支持著生活的這些器物之中，湯匙並不顯眼，總是低調也靜默地為我們工作著。將湯匙排成一列一看，總有種它們一支一支是那樣地開朗、直率又帶有幽默的生物般的感覺。手握著這些值得信賴的湯匙，心裡湧現出小但很確實的幸福感。

■右・上排／左・上排（左）「第一支湯匙」160mm
■右・下排／中・上排／左・上排「扭扭匙」130～160mm
■中・下排／左・下排（左）「果實中蹦出來的湯匙」160～200mm
■左・下排（右）「蓮花匙」130mm

工作支撐著生活，生活支持著工作。工作與生活若能夠一點也不勉強地彼此交融，就足以讓人生完美而充實。酒井淳所做的盆、筷、湯勺等物件，沒有一分華麗、多餘的裝飾與做作，就只是以一個這樣的物件理所當然的、原有的、自然的模樣，靜靜地存在，而它所在之處也因此有了美好的氛圍。這是將工作與生活完全融合的人所創造出來的「普通」，讓人心神嚮往。

右起
■角盤　330×330mm
■小湯匙　90mm
■筷子盤　長205×高15mm
■筷子　240mm
■八角盤　240×240mm
■湯勺　210~240mm
■版畫盤　355×250mm

桃居
東京都港區西麻布2-25-31
☎+81-3-3797-4494
週日、週一、例假日公休
http://www.toukyo.com/
廣瀨一郎以個人審美觀選出當代創作者的作品，寬敞的店內空間讓展示品更顯出眾。

公文美和的攝影日記❺

美味日日

這一期開始，公文美和的攝影日記照片張數增加了。
縱橫日本各地四處奔走，
公文美和的每一天，都濃縮在這兩頁裡面。

送到飯店房間的花

餐廳裡的玻璃杯

+的和菓子

蘋果果醬土司

由布院的旅館

幫《日日》拍攝
松長繪菜的料理

花生的嫩芽

手做司康

疊了五層的器皿

由布院的旅館

《日日》總編輯
高橋家的小貓

愛媛的橘子果汁

佐藤錦櫻桃

松露

由布院的旅館

神田志乃多壽司

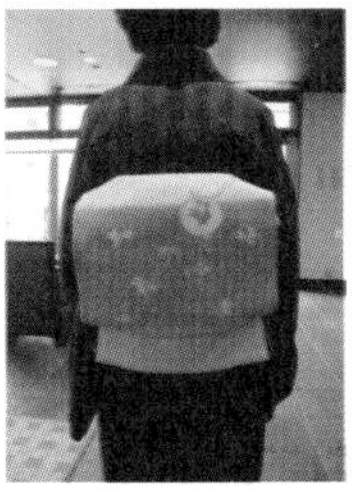
老闆娘的和服腰帶

祝賀六十大壽的蛋糕

義大利蛋白餅

由布院的蛋糕卷

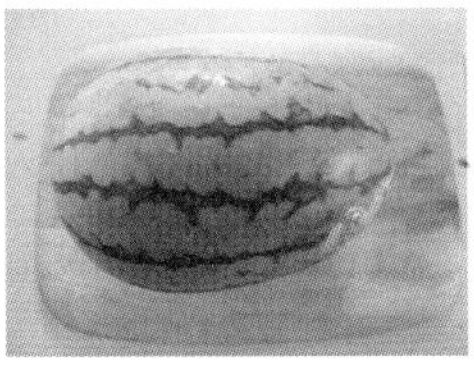
高知的西瓜

六時屋的冰淇淋
最中

蓼科田裡的蒲公英

自己吃的隨手料理

大分機場

煎鰈魚

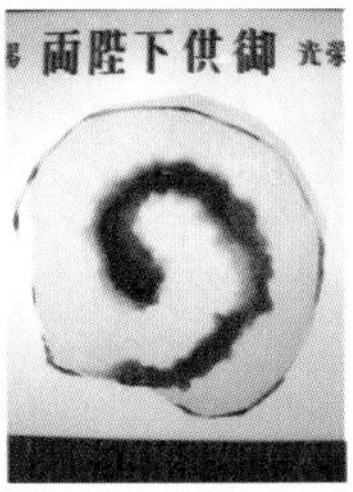

六時屋的派

手作點心

拍攝中的午餐

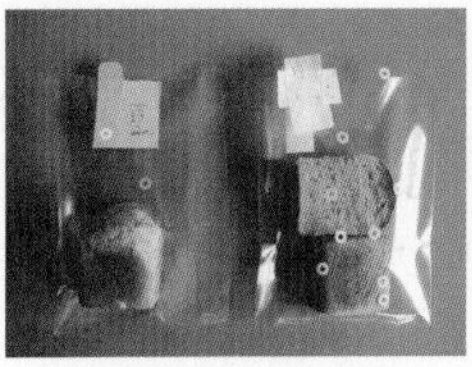
手作土司小禮物

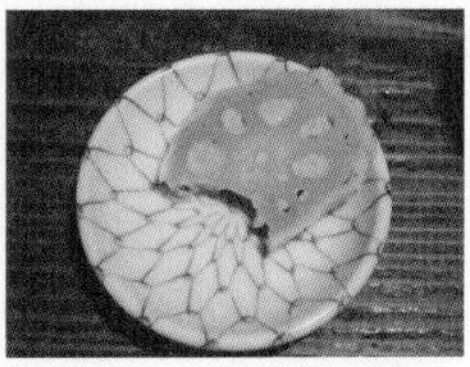
芥子蓮藕

松長繪菜家裡的蠟燭

小豆島的草莓

拍攝中的蛋

maane的午餐

京都的小飯館

松長繪菜家的廚房

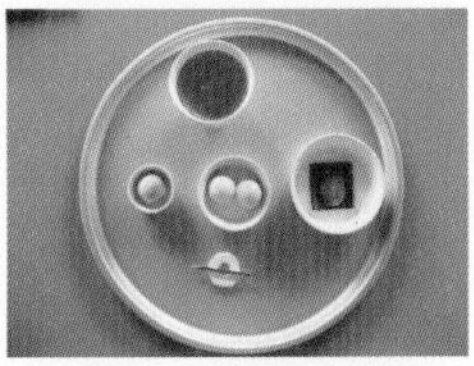
松露

小豆島的細麵

A-I型鋼

北野天滿宮的早市

黃金奇異果

西洋點心店SIROTAE
的包裝紙

小豆島的蜜柑

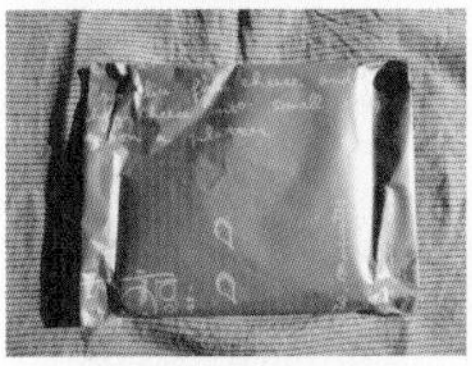
堀井和子設計的包裝紙

北野天滿宮的早市

和菓子「黃身時雨」

疑假似真的食物

天使之路（小豆島）

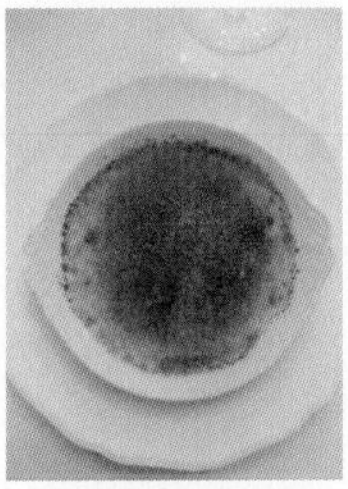
餐廳供應的甜點

北野天滿宮的早市

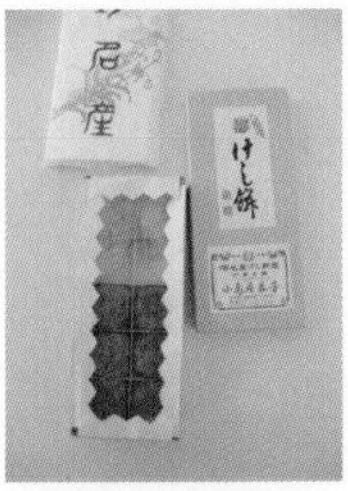

和菓子「芥子餅」

疑假似真的食物

小豆島的李子

餐廳供應的甜點

手做土司

寺院裡的青苔

公文美和的攝影日記❻

美 味 日 日

松本的蕎麥麵

高知的魚板

兔子形狀的點心

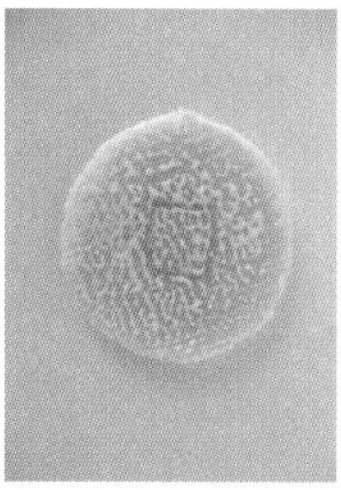
京都的點心

喜歡的一句話

拍攝中的午餐

年輪蛋糕也是很喜歡的點心

收到的起司蛋糕

攝影中的午餐

餐廳裡的甜點

人家送的杏子果醬

伊勢志摩住宿處的晚餐

喜歡的建築物

石榴

拍攝中的午餐

押壽司

名為刺松藻的海藻

在廚房

名為樓梯草的山菜

幼犬 2

美麗的曲線

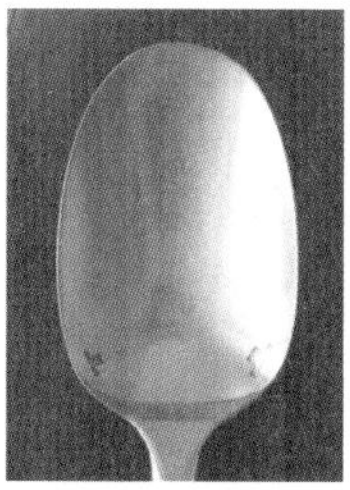
造型師的湯匙

紙之美

拍攝後的樂趣

幫日日夥伴拍的美味香魚

空拍

幼犬 1

在高原BBQ

鱒魚壽司

嶄新的設計

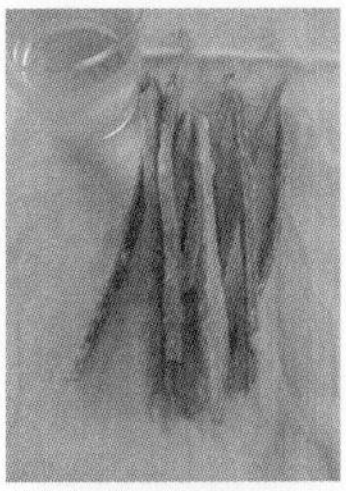
高知的甜薯條

工作室裡的紙杯

高原上的藝術

maane的午餐

長野的葡萄

大收穫

買了 iPhone

高原的三明治

大宅咖啡

大清早向羽田機場出發

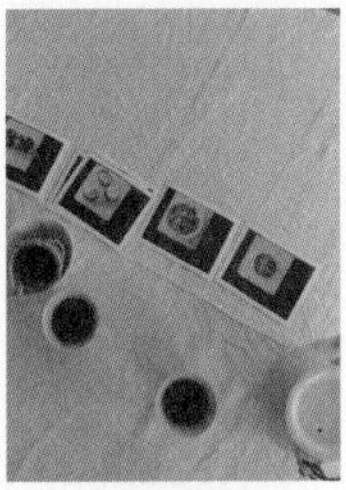
拍攝現場

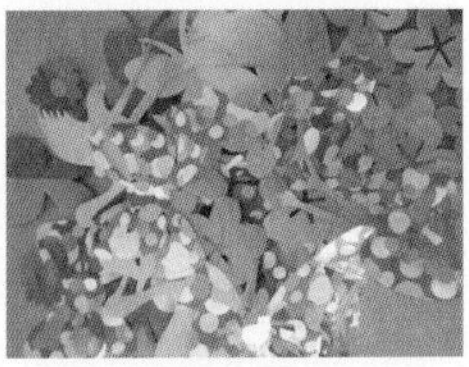
剪紙畫

像一張臉的咖哩飯

令人放鬆的飲料

在那須吃午餐

非常酷的人

很酷的店內景致

熱狗

土井信子老師

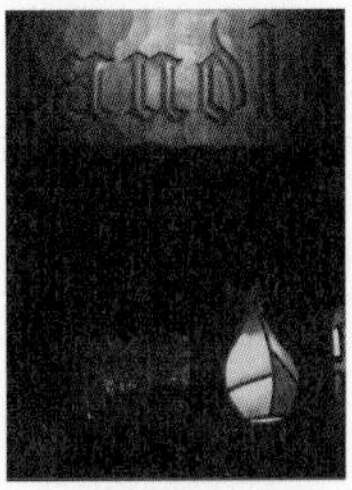
西式餐廳

六本木的水母

使用Apple的日日

店內的牆壁

餅乾

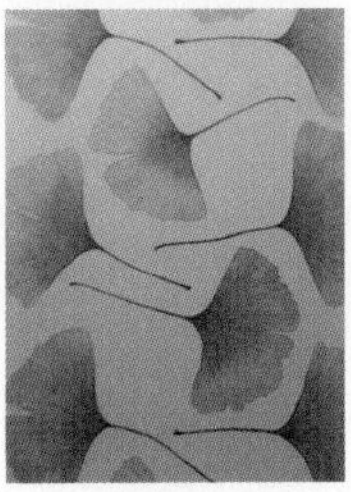
螺旋

四谷

夏天就要這味

日日歡喜 ⓭

「傳承下來的器皿」

家族傳承下來的器皿，
好像將這些器皿與家人一同
所經歷的時光
記載成為無數個故事。
不管是不是昂貴的器皿，
與家人看似平凡的回憶，
對擁有者來說應該是具有
超越原本價格的價值吧！

攝影—公文美和　造型設計—久保百合子
翻譯—王筱玲

日置武晴（攝影師）

小田急的器皿

儘管我不知道這個器皿的來龍去脈，但這是以前家裡就有的小田急百貨公司的贈品。不鏽鋼製造，背面還刻著小田急的logo。它是吃義大利麵時常用的盤子，所以從小就很喜歡。離開老家的時候，就把它帶走，不過最近很少派上用場，不如趁這個機會再拿來用一下吧！

公文美和（攝影師）

白山陶器的蛋杯

這是昭和年間盛行北歐風潮之時，白山陶器推出的早餐系列中的蛋杯。好像是母親透過郵購買的，除了父親以外，我們每週有三天的早餐是土司、沙拉、綜合果汁和水煮蛋。因為在這系列中最喜歡的就是這個蛋杯，離開高知的時候就將它一起帶走。

久保百合子（造型師）

托盤

這個像托盤一樣的籃子，是母親三十多年前在附近的雜貨店裡買的。當時父親廢寢忘食地投入工作中，所謂的娛樂也僅是在家裡辦飲酒會。多的時候甚至有20位公司的年輕人來參加，母親好像會把酒杯放在這個籃子裡，讓大家選喜歡的飲料。結果難得的休假日也都在聊工作。不過我想那一定是非常美味的酒吧！

木村拓（攝影師）

平盤

賣鰻魚飯的老家在結束營業的時候，父親帶來給我的盤子。這是作家坪島土平的作品，在三重縣的津市所燒製的，是在我家只要有煮魚料理時就會使用的盤子。即使是看起來有點怪的料理，只要用這個盤子來盛裝，就會看起來很好吃，是非常珍貴的器皿。

高橋良枝（編輯）

成疊套組的小盤

大概從大正時代就出現在我家的餐桌上，幾乎每天都會用到的小盤。從祖母傳到母親，然後毫無破損地傳給我。每當看到這組盤子的時候，就會懷念起小時候的晚餐情景，家人圍繞在塗了朱漆的日式餐桌的模樣也浮現腦海。我還記得大盤子裡裝芋頭等滷菜，小的盤子則是裝拌菜之類的樣子。

渡部浩美（設計師）

小孩的飯碗

這是小時候用的飯碗。幾年前，在家中食器櫃的深處發現了它，就把它帶走了。我記得這是在剛上小學的那時期，母親買給我的。現在看來，形狀與花紋都非常有昭和風。哥哥是藍色，而我是女孩所以是粉紅色的。用紅色或粉紅色的東西會覺得很難為情，但我還記得當時不知道為什麼卻非常喜歡這個碗。

飛田和緒（料理家）

小研磨缽

玻璃的研磨棒來自祖父，研磨缽則是母親給我的。研磨棒似乎原本是用來磨碎藥材和繪畫顏料的工具，然而曾幾何時卻變成放在廚房裡用了。用這個尺寸的小研磨缽磨好芝麻後倒進湯裡或是倒在飯上都很方便。這是我18歲開始一個人生活的時候，母親帶來給我的。

日日・人事物❾

陽光怡育的美味 金門麵線

文—賴譽夫　攝影—吳美惠・賴譽夫

金門麵線。

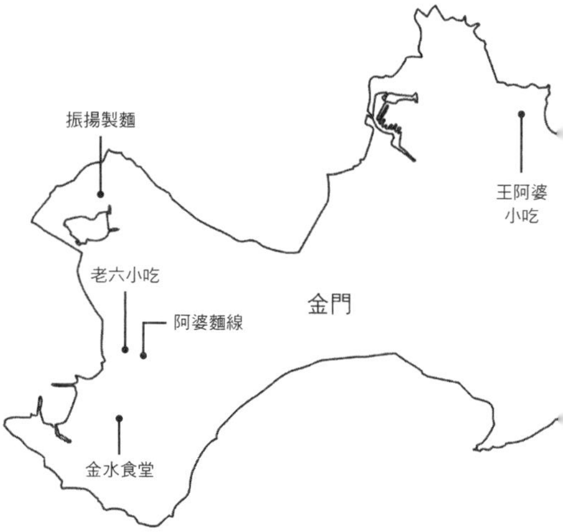

晴日上午在金門的街道行走，只要未有南風將起的跡象，在人流來去的集市或是聚落屋前的庭埕，甚至廢棄古厝的破墟，便不時會見著日曬麵線的景象，而這聞名於觀光伴禮的手工麵線也正是金門的傳統吃食。

後浦「阿婆麵線」，古法製麵

行過知名紅磚五腳基建築所在的模範街，轉進觀音亭後的菜市場路，即看見一束束披垂著的麵線，正在街屋之間的過道上進行風乾，一片片置於牆邊的木門板很是引人懷愛，不過更要教人目不轉睛的則是門裡的那台麵車。

「阿婆麵線」是後浦鎮區的老店，現有店主接承創始阿婆的麵車後，數十年依舊維持著舊往工序。為爭取充分的陽光時間，製麵需要一早就開始工作。雖然店家口中一直說著沒什麼，但看著調和揉擀麵糰的背影，那種灌注氣力又必須以長年經驗精巧拿捏的工作狀態，可真讓我們這些單純動口的嗜食之人肅然起敬。

老是探問著師傅何時可以上麵車，殷盼著一道道準備工作，終於要輪到老爺車登場了。首先麵糰擀成片卷筒狀後，需要先放在前方轆軸，經過器械輾壓，在中肚的轆軸重新形成整齊的麵片卷筒；這道工序需要往來反覆非常多次，而次數也是經驗累積而知切，多一次或少一次可都會影響到口感。接著麵卷被置於後方轆軸，透過手動以一定的速度轉起，將麵片切分，麵線立即成型。

山后「王阿婆海蚵麵線」，少有遊客放過。

沙美鎮街邊——直曬麵線。

現下許多製麵工房，亦有一些使用舊式麵車，但多已改裝安上馬達來節代人力，然而「阿婆麵線」則仍以人工傳動。以手與器械作連結，可以感受到製作過程中器械與麵胚回授給雙手的訊息，便可調整正在進行中的工作，這是手工製作中純以機械所無法取代的。粗切的麵線經過修剪與梳理，被以長長的木棍懸披著（直線曝曬），經過風乾後以8字形整理成盤，再將竹篩端上屋頂日曬（8字曝曬），即告完成。

8字曬。

麵車。

① 調和。

② 揉擀。

③ 轆軸。

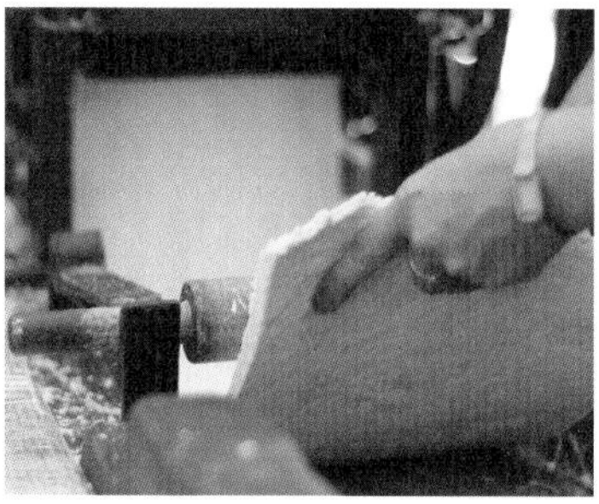

④ 麵片成形。

⑤ 壓卷。

⑥ 理麵。

⑦ 切分準備。

⑧ 切線、梳理。

當地美味，行遊必嘗

走訪古寧頭行經南山聚落，亦會遇見另一名店「振揚製麵」，此為前任鄉長之家業，熱切的店主介紹起行旅金門不可錯過的景致與吃食，其中潮間帶的石蚵與麵線的搭配自是推薦名物。也因此幾乎所有遊者都會一訪的山后聚落，行過皆會在「王阿婆小吃」嘗上一碗；金城鎮上的「老六小吃」，則是於蚵仔麵線中再以戰地特色的軍中罐頭調味，亦是一絕。而過往金門知名的漁產首推黃魚，雖然近年因中國攔捕致使漁獲稀減，黃魚麵線依舊是內行人的首選，水頭聚落的「金水食堂」，是探遊「得月樓」後的點心好選擇。

說起金門麵線，饕客最先想到與台灣手工麵線最大的不同，即在於製程不加鹽，所以烹煮時的調味也就得因應而異。一般製作麵線添加鹽巴，主要用以防腐與脫水；而這兩種需求具有相關，因為金門的地理位置擁有充足的陽光，日曬法便成為最簡俐的方式，於是造就了民常生活的市廛風景。而不加鹽，亦使口感較具彈性。走遊金門除了快速走

⑪整盤。

⑩直曬。

⑨風乾。

南山聚落振揚製麵。

食以及參訪麵線觀光工廠，到幾家製麵老舖走走，可以發現更多金門在地的傳統手工之美。

「老六小吃」的蚵仔麵線，以戰地軍用罐頭作為調味。

阿婆麵線

金門縣金城鎮菜市場路37號
☎082-372-351
㊫10：00～20：00

振揚製麵

金門縣金寧鄉古寧村南山38-3號
☎0982-537-075

王阿婆小吃店

金門縣金沙鎮山后64號
（金門民俗文化村內）
☎082-352-388
㊫周一～周日　8：30～17：30

老六小吃

金門縣金城鎮民權路65號
☎082-324-068
㊫周日～周五　11：00～20：00
㊡周六公休

金水食堂

金門縣金城鎮前水頭48號
☎082-373-919

34號的生活隨筆❹

迎接冬日來臨

圖・文—34號

冬天腳步近了，從每天下午天色暗下的時間越來越早就可感受到，迎接冬日來臨的我是充滿期待的，我喜歡冬天外出時穿著高領毛衣圍上喜愛的圍巾，空氣冷冽清明的感覺，或是在家裡穿著暖暖的家居服，踩著毛茸茸冬日拖鞋，捧著一杯熱飲蜷在沙發一角盡情閱讀，這些都比汗溼浹背的夏天讓我喜愛。只是台北的濕氣和時不時的落雨還是令我有些苦惱，這或許是唯一我不喜歡冬天的一點吧。

將夏衣洗淨疊好，將去年整理好的冬衣一件件拿出，讓我想起幼時家裡換季時衣櫥的樟腦丸味兒此時總一鼓腦的散出，掛了一年的大衣上都是那樣的味道，而那陣子上學大家身上都飄著一樣的氣味（笑）。現在我會在冬天結束收納冬衣時放上幾張烘衣紙；夏日微風、清爽亞麻、南法薰衣草……，有著令人充滿幻想名字香氣的烘衣紙，陪著冬衣度過衣櫥裡的一年，再也沒有幼年令人難忘嗆鼻的樟腦丸味兒。

台灣雖屬亞熱帶，冬天氣溫最冷不過十度上下，但因為濕度高加上室內沒有暖氣設施，體感溫度卻比許多寒帶國家冷多了。尤其飄著細雨的夜裡，室內總讓人冷得直打哆嗦。我的外出和居家抗寒好物就屬這三樣最重要：出門不可少的喀什米爾圍巾，在家一定要有的熱水袋，及一條輕薄的羽絨小被。一條品質好的喀什米爾圍巾用上多年也不會起毛球，輕暖好攜帶，也是我的旅行必備品，比起好看但不夠暖或是用了幾次便起毛球的選擇，我喜歡用得長久的物品。雖然居家暖氣的選擇很多，但老派實用的熱水袋還是我的最愛，每天晚餐後燒上一壺熱水，裝上八分滿緊緊拴好，在書桌前工作時放在胸腹上，就寢時在被窩暖著雙腳，實用卻有著老派浪漫的意味。而無印良品的攜帶式羽絨被則是這兩年的最新發現，大小不過一百公分左右，令人驚訝的輕薄，窩在沙發上一定不可少了它、夜裡起床幫孩子蓋被，隨手披在肩上，瞬間的暖意，濕冷寒夜也沒有問題。

©studio m’

日々・日文版 no.13、no.14

編輯・發行人——高橋良枝
設計——渡部浩美
發行所——株式會社 Atelier Vie
http：//www.iihibi.com/
E-mail：info@iihibi.com
發行日——no.11：2008年9月1日
no.12：2008年12月1日

日文版後記

本期開始有久保百合子的新連載「我的玩偶剪貼簿」。
MATTERHORN對我而言，也是一家令人懷念的店。住在東橫線「學藝大學站」的高中生時期，出現在生日或是聖誕節等特別節日中的就是MATTERHORN的蛋糕；也會和朋友在附近的碑文谷公園大口吃著MATTERHORN的點心。隔了幾十年再次拜訪這家店，因為改建，整個氛圍都不一樣了，唯獨包裝紙沒有變，一樣畫著令人懷念的人偶圖樣。
和料理攝影師佐伯義勝的相見也是睽違了數十年，那是在出版社還是菜鳥編輯的時候，因為前輩的工作而見面。穿著紅色格子襯衫的佐伯義勝，朝氣蓬勃的樣子令人感動。不論是談懷念的料理家、或是聊還沒有閃光燈時代的料理攝影祕辛，這些被喚起的回憶都宛如昨日之事，和我自己的經驗連結在一起了。
不知道為什麼本期淨是些充滿回憶的內容？　（高橋）

日日・中文版 no.9

主編——王筱玲
大藝出版主編——賴譽夫
大藝出版副主編——王淑儀
設計・排版——黃淑華
發行人——江明玉
發行所——大鴻藝術股份有限公司｜大藝出版事業部
台北市103大同區鄭州路87號11樓之2
電話：（02）2559-0510　傳真：（02）2559-0508
E-mail：service@abigart.com
總經銷：高寶書版集團
台北市114內湖區洲子街88號3F
電話：（02）2799-2788　傳真：（02）2799-0909
印刷：韋懋實業有限公司

發行日——2013年12月初版一刷
ISBN 978-986-89762-8-3

日日 / 日日編輯部編著. -- 初版. -- 臺北市 ：
大鴻藝術, 2013.12　48面；19×26公分
ISBN 978-986-89762-8-3（第9冊：平裝）
1.商品 2.臺灣 3.日本
496.1　　101018664

中文版後記

這一期的特集「父親與母親的贈禮」與日日歡喜單元「傳承下來的器皿」，非常巧合地（？）形成了一種呼應。我們這一輩的人，從小身邊便充斥著各式各樣機器大量生產無機質的生活用品，也許因為這樣，對於各種器物的損壞，遺失也就變得不是那麼在意，畢竟要再取得同樣的複製品，似乎再容易也不過了。年紀漸長，意識到歲月時光，選擇作家作品，宛如也想為自己染上一點不可取代性的氣息一樣，然後希望這染上自己氣息的器皿，能夠代替自己永遠永遠地存在下去。　（江明玉）

大藝出版Facebook粉絲頁 http：//www.facebook.com/abigartpress
日日Facebook粉絲頁 https：//www.facebook.com/hibi2012